电力线路外力破坏案例警示图册

国家电网公司运维检修部　组编

中国电力出版社
CHINA ELECTRIC POWER PRESS

内容提要

为宣传电力设施保护法律法规，普及电力线路防外力破坏知识，指导电力线路运维人员做好防外力破坏工作，国家电网公司运维检修部组织编制了《电力线路外力破坏案例警示》系列（分为图册、挂图、折页3个分册）、《电力线路防外力破坏宣传》系列（分为画册、挂图、折页3个分册）。

本书是《电力线路外力破坏案例警示图册》，根据外力破坏发生的概率分为施工（机械）破坏、火灾、异物短路、树竹砍伐、盗窃及破坏、其他六大类，梳理总结近40个真实案例。本图册结合工作、生活实际，以图文并茂的方式，宣传电力设施保护法律法规，警示不安全行为，旨在使社会民众能了解身边的电力线路，提高电力设施保护的安全意识。

本图册适用于电力企业开展电力设施保护宣传、群众护线宣传等工作，可供电力线路沿线群众，重点区域如施工工地、钓鱼场所、放风筝的广场等人群，相关从业重点人群如特种机械驾驶人员、采砂船业主等阅读使用；也适用于电力线路运行维护人员参考使用。

依法保护电力设施人人有责!

　　如果您需要在电力线路保护区附近进行施工，请提前与供电公司取得联系，并按照要求采取可靠的安全措施。

　　如果您发现电力线路保护区内有危及电力安全的任何施工和作业，请及时与供电公司取得联系。

　　愿您我的努力能换来共同的平安与社会和谐!

联系电话: 95598

图书在版编目（CIP）数据

电力线路外力破坏案例警示图册/国家电网公司运维检修部组编 . — 北京：中国电力出版社，2016.5
（2022.6 重印）
ISBN 978−7−5123−9366−0

Ⅰ . ①电… Ⅱ . ①国… Ⅲ . ①电力线路−安全教育−普及读物 Ⅳ . ① TM75−49

中国版本图书馆 CIP 数据核字 (2016) 第 107404 号

中国电力出版社出版、发行
（北京市东城区北京站西街 19 号 100005 http://www.cepp.sgcc.com.cn）
北京瑞禾彩色印刷有限公司印刷
各地新华书店经售

*

2016 年 5 月第一版 2022 年 6 月北京第八次印刷
787 毫米 ×1092 毫米 24 开本 2.5 印张 50 千字
印数 23001—26000 册 定价 29.00 元

编委会

前 言

　　电力线路点多、线长、面广，所处地理环境复杂，伴随社会经济的持续发展和城市化水平的不断提高，电力线路运行环境不断恶化，电力线路外力破坏风险日益突出，严重威胁着电网安全。发生电力线路外力破坏故障不仅会给电力企业造成重大的经济损失，还会严重影响电力线路周边民众的生产生活，甚至会威胁人身与财产安全。

　　据统计，2011~2015 年国家电网公司发生 66kV 及以上架空线路故障 17814 次，其中因外力破坏原因导致的有 6133 次，占比 34.42%，且呈现逐年增长的趋势。发生这些外力破坏故障的原因，一部分是由于肇事者无视法律法规，蓄意破坏所致；更大一部分原因是由于广大群众对防外力破坏相关知识知之甚少，无心之为所致。

　　为宣传电力设施保护法律法规，普及电力线路防外力破坏知识，指导线路运维人员做好防外力破坏工作，国家电网公司运维检修部组织编写了《电力线路外力破坏案例警示》系列（分为图册、挂图、折页 3 个分册）。本系列结合工作、生活实际，以图文并茂的方式，宣传电力设施法律法规、警示不安全行为，旨在使社会民众了解身边的电力线路，提高电力设施保护的安全意识。

　　本图册由国网吉林省电力有限公司、国网河北省电力公司、国网江苏省电力公司、国网湖北省电力公司、国网浙江省电力公司、国网湖南省电力公司等单位编写。

　　由于编写人员水平有限，书中难免存在不妥之处，恳请广大读者批评指正。

编者

2016 年 5 月

目 录

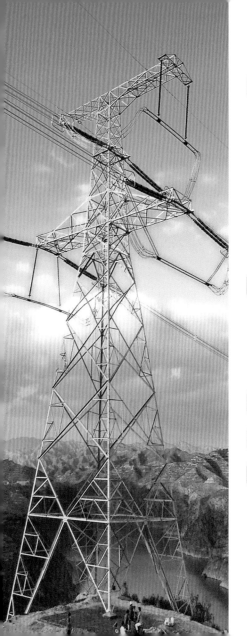

盗窃及破坏

其他

相关法律法规摘录

高压线下推铁架　四死三伤真可怕

案例描述：

××物流公司院内施工人员在电力线路下违章推运可移动脚手架过程中，脚手架顶端碰触带电线路，发生人身触电。结果引发了四人死亡、三人重伤的恶性人身伤亡事故。

案例点评：

《电力设施保护条例》第十七条第三款，任何单位或个人必须经县级以上地方电力管理部门批准，并采取安全措施后，方可进行小于导线与穿越物体之间的安全距离或通过架空电力线路保护区的作业或活动。

敬告：

移动过高物体时，请不要在电力线路下方穿行，若无法绕开电力线路时，请事先与当地供电公司联系，供电公司会免费为您提供现场安全监护和指导。

货车肇事险情生　铁塔倾倒惊路人

案例描述：

一辆翻斗车在路边超速行驶，路过转弯处时由于车速过快直接冲出马路撞向位于绿化带中的电力线路铁塔，导致铁塔变形倾倒，电线拉断，造成直接经济损失 30 余万元，事故责任由肇事翻斗车主全部承担，并赔偿经济损失。

案例点评：

《中华人民共和国电力法》第六十条，因用户或者第三人的过错给电力企业或者其他用户造成损害的，该用户或者第三人应当依法承担赔偿责任。

敬告：

驾驶各类车辆通过电力线路周边区域时，请减速慢行，并与电力线路保持足够安全距离，防止对您及电力设施造成人身伤害与经济损失。

违规卸料不听劝　车毁人伤为哪般

案例描述：

道路施工中，翻斗车在××电力线路正下方违章卸料，车斗与上方导线安全距离不足引发导线对车斗进行放电，造成车辆烧毁，司机烧伤。事前，供电公司曾多次与施工单位进行交涉，但施工人员未听取供电公司人员的安全敬告，造成了本次事故的发生。

案例点评：

《中华人民共和国电力法》第五十四条，任何单位和个人需要在依法划定的电力设施保护区内进行可能危及电力设施安全的作业时，应当经电力管理部门批准并采取安全措施后，方可进行作业。

敬告：

在驾驶车辆通过电力线路下方时，请注意与带电线路保持足够的安全距离，严禁运输超高货物。在电力线路保护区附近施工时，请与当地供电公司联系，供电公司会免费为您提供现场安全监护和指导。

修路取土致滑坡　铁塔倾斜危害多

案例描述：

××单位未经供电公司允许擅自在线路附近进行修路取土作业，取土面受雨水冲刷后发生山体滑坡，造成××与××两条重要电力线路铁塔倾斜，停电紧急抢修12天，该道路施工单位共计赔偿损失200余万元。

案例点评：

《电力设施保护条例》第十七条第一款，任何单位或个人必须经县级以上地方电力管理部门批准，并采取安全措施后，方可在架空电力线路保护区内进行农田水利基本建设工程及打桩、钻探、开挖等作业。

敬告：

请不要在杆塔、拉线基础周围10米区域内从事取土、打桩、钻探、开挖行为，以免杆塔倾倒发生危险。

线下堆土隐患多　稍不留意酿大祸

案例描述：

××电力线路24号塔因一侧超高堆土导致铁塔基础受力不均，在侧向土压力作用下产生位移，导致塔材变形，塔身倾斜约30度。此次事故造成直接经济损失20万余元。

案例点评：

《中华人民共和国电力法》第五十三条，任何单位和个人不得在依法划定的电力设施保护区内修建可能危及电力设施安全的建筑物、构筑物，不得种植可能危及电力设施安全的植物，不得堆放可能危及电力设施安全的物品。

敬告：

请不要在电力设施保护区内堆放、倾倒废土及建筑垃圾等物品，以免堆积物过高造成导线对地安全距离不足，危及您和他人的生命安全，如发现类似情况，请您及时帮助制止并与供电公司联系，供电公司会第一时间到场处理。

地下开采要规划　损坏杆塔受处罚

案例描述：

××电力线路处于××能源有限公司煤矿采掘区，该煤矿开采已造成该线路多次临时停电，以调整倾斜杆塔。当地供电公司联合政府部门与煤矿积极协调，由该公司出资，对采空区线路进行了改造，工程投资500余万元。

案例点评：

《电力设施保护条例》第十四条第八款，任何单位或个人，不得在杆塔、拉线基础的规定范围内取土、打桩、钻探、开挖或倾倒酸、碱、盐及其他有害化学物品。

敬告：

如发现在电力设施附近从事采矿等行为，应及时向供电公司或公安机关进行反映或举报。

吊车碰线酿险情　车辆受损人受惊

案例描述：

××施工现场吊车在吊装重物时，吊车司机误以为高压导线带有绝缘外皮，在明知上方电力线路有电的情况下盲然作业，致使吊臂与上方电力线路距离过近，造成线路跳闸停电、车辆烧损。

案例点评：

《电力设施保护条例》第十七条第二款，任何单位或个人必须经县级以上地方电力管理部门批准，并采取安全措施后，起重机械的任何部位方可进入架空电力线路保护区进行施工。

敬告：

高压电力线路为裸导线，没有绝缘外皮，施工机械接近导线至一定距离时就会发生放电现象，请施工管理部门在施工作业前，与当地供电公司联系，供电公司会免费为您提供现场安全监护和指导。高大机械请注意与带电线路保持足够的安全距离：35~66千伏，4米；110千伏，5米；220千伏，6米；330千伏，7米；500千伏，8.5米。

施工（机械）破坏

塔吊操作不得当　供电中止线受伤

案例描述：

××房地产建设工地施工人员在对塔吊进行吊装调试时，由于钢丝绳端部固定不牢固，钢丝绳滑脱后摆动到电力线路上，造成导线受损、线路停电。事后，当地政府电力管理部门中止了该施工工地供电，责令限期整改，并进行了经济处罚。

案例点评：

《中华人民共和国电力法》第五十四条，任何单位和个人需要在依法划定的电力设施保护区内进行可能危及电力设施安全的作业时，应当经电力管理部门批准并采取安全措施后，方可进行作业。

敬告：

在线路保护区附近安装塔吊时，请注意与电力线路的距离，尽量远离电力线路，当存在碰触电力线路的可能时，请与当地供电公司联系，供电公司将免费为您提供现场指导和监护。

泵车摸黑蛮施工　车辆烧损敲警钟

案例描述：

××公司在对铁路涵洞进行灌注时，泵车操作人员因天黑未注意灌注机臂与上方 500 千伏电力线路的安全距离，造成线路对机臂放电停电，导致线路停电、泵车轮胎烧损。

案例点评：

《中华人民共和国电力法》第五十四条，任何单位和个人需要在依法划定的电力设施保护区内进行可能危及电力设施安全的作业时，应当经电力管理部门批准并采取安全措施后，方可进行作业。

敬告：

进行机械布料等施工时，布料机应尽量远离电力线路。在电力线路保护区附近施工时，请与当地供电公司联系，供电公司会免费为您提供现场安全监护和指导。

施工（机械）破坏

爆破作业莫大意　损伤线路危害多

案例描述：

××供电公司在线路巡视时发现××电力线路出现严重断股，经过现场勘查，发现在距离电力线路440米处有一施工单位违章开展爆破作业，导致爆破时飞石损伤导线。经供电公司与公安机关联合执法，施工单位赔偿了爆破对电力线路造成的经济损失。

案例点评：

《电力设施保护条例》第二十六条，违反本条例规定，未经批准或未采取安全措施，在电力设施周围或在依法划定的电力设施保护区内进行爆破或其他作业，危及电力设施安全的，由电力管理部门责令停止作业、恢复原状并赔偿损失。

敬告：

请不要在距离电力线路500米范围内进行开山炸石、开采爆破作业，以免飞石对电力线路造成损坏、引起线路停电，影响正常供电。

挖机违章仍不知　引发停电造损失

案例描述：

××道路施工现场司机张××驾驶挖掘机作业时，由于挖掘机伸臂过高，导致上方电力线路对挖掘机放电跳闸，事故造成大面积停电。事后，当地政府对施工单位进行了经济处罚。

案例点评：

《中华人民共和国电力法》第五十四条，任何单位和个人需要在依法划定的电力设施保护区内进行可能危及电力设施安全的作业时，应当经电力管理部门批准并采取安全措施后，方可进行作业。

敬告：

在电力线路保护区附近进行机械起重、打桩、开挖等施工时，请与当地供电公司联系，供电公司会免费为您提供现场安全监护和指导。

建房建到线路下　停电整改受处罚

案例描述：

×× 工厂租用 ×× 电力线路保护区附近的一处空旷场地搭建临时库房，为了节约用地，在未告知供电公司且未获得任何建设许可的情况下，私自将仓房扩建至线路保护区内。当地政府电力管理部门依法对其违建行为进行了经济处罚，并中断供电，责令拆除违建房屋。

案例点评：

《中华人民共和国电力法》第五十三条，任何单位和个人不得在依法划定的电力设施保护区内修建可能危及电力设施安全的建筑物、构筑物。

敬告：

在电力线路保护区附近兴建建筑物、构筑物，请与当地供电公司联系，供电公司会免费为您提供现场安全监护和指导。千万不要在电力线路保护区内兴建建筑物、构筑物。

农用机械塔下过　撞弯铁塔要担责

案例描述：

电力巡视人员发现 ×× 电力线路塔材被撞弯，该杆塔位于 ×× 村与所属责任田之间，本无道路，当地村民为了方便耕作，驾驶农用机械直接在铁塔塔腿下穿越，行驶时常常刮碰到杆塔，造成塔材变形，铁塔受损。供电公司依法向肇事车辆索赔。

案例点评：

《电力设施保护条例》第十四条第九款，任何单位或个人，不得在杆塔内（不含杆塔与杆塔之间）或杆塔与拉线之间修筑道路。

敬告：

请不要在电力杆塔或杆塔与拉线下修建道路，杆塔属于易受雷击设备，在杆塔下面行走存在较大安全隐患。同时，杆塔塔腿开度有限，车辆经过时难免出现刮碰，互相受损，得不偿失。

采砂船只乱堆沙　船体上浮引跳闸

案例描述：

××运沙船在××电力线路下方卸沙作业，随着运沙船装载的沙不断减少，船体不断上浮，卷扬机顶端对上方导线距离不断减小，致使带电导线对卷扬机放电，造成线路停电，给供电部门带来极大的经济损失。

案例点评：

《中华人民共和国电力法》第五十二条，在电力设施周围进行可能危及电力设施安全作业的，应当按照国务院有关电力设施保护的规定，经批准并采取确保电力设施安全的措施后，方可进行作业。

敬告：

如发现有各类大型车辆、机械、船舶在线路防护区内作业，导线距穿越物体之间的距离小于安全距离的，请及时向供电公司反映，供电公司会免费为您提供现场安全监护和指导。

挖沟刨断电缆线　贸然施工造停电

案例描述：

××市在下水管道连接管施工过程中，在未进行现场管线排查且未告知当地供电公司的情况下，擅自进行路面破除，造成电力电缆受损，发生故障停电，造成直接经济损失20万元。

案例点评：

《电力设施保护条例》第十七条第四款，任何单位或个人必须经县级以上地方电力管理部门批准，并采取安全措施后，方可在电力电缆线路保护区内进行作业活动。

敬告：

在进行机械起重、打桩、开挖等施工时，应注意查看周边电力电缆标识。如需在电力电缆线路保护区附近进行上述作业时，请与当地政府报备并与当地供电公司联系，供电公司会免费为您提供现场安全监护和指导。

电缆路径走向

15

草率施工伤电缆　线路受损惹麻烦

案例描述：

××市地铁建设单位在进行施工时，在事先被告知该处有电缆的情况下，自认为不会损坏电缆，也未通知供电公司，私自进行打桩作业，打桩机直接击穿电缆保护层，造成电缆严重损伤，城区部分地段停电1个小时。

案例点评：

《电力设施保护条例》第十七条第四款，任何单位或个人必须经县级以上地方电力管理部门批准，并采取安全措施后，方可在电力电缆线路保护区内进行作业活动。

敬告：

在进行机械起重、打桩、开挖等施工时，应注意查看周边电力电缆标识。如需在电力电缆线路保护区附近进行上述作业时，请与当地政府报备并与当地供电公司联系，供电公司会免费为您提供现场安全监护和指导。

私自顶管不听劝　线路停电电缆断

案例描述：

×× 施工单位顶管作业时，未按与供电公司商定的作业方案，在供电公司监护人员到场前提前作业，造成电力电缆挖断，直接经济损失 10 万元。

案例点评：

《电力设施保护条例》第十七条第四款，任何单位或个人必须经县级以上地方电力管理部门批准，并采取安全措施后，方可在电力电缆线路保护区内进行作业活动。

敬告：

在电力电缆线路保护区内进行施工作业，应事先取得当地供电公司的许可同意。作业时，请与当地政府报备并与当地供电公司联系，供电公司会免费为您提供现场安全监护和指导。

烧荒祭祀引山火　线路停运担后果

案例描述：

村民在××电力线路附近焚烧秸秆，引发线路下方松林着火，浓烟及火苗窜至线路上，造成线路停电。公安机关依法对该村民进行了处理。

案例点评：

《电力设施保护条例》第十五条，任何单位或个人不得在架空电力线路保护区内烧窑、烧荒。

敬告：

烧荒、祭祀时请注意防山火安全，应做好防止山火失控蔓延的隔离措施，并应及时灭掉火源，确保火源全部熄灭后方可离开现场。如发现在电力线路保护区内进行上述行为时，请及时向供电公司反映。

柴草勿在线下堆　烈火炎炎烧成灰

案例描述：

村民王××在××电力线路保护区内堆放灌木茅草后，未及时运离线路保护区，天气干燥，诱发大面积山火。浓烟、灰尘包裹导线导致线路停运。

案例点评：

《电力设施保护条例》第十五条，任何单位或个人在架空电力线路保护区内，不得堆放谷物、草料、垃圾、矿渣、易燃物、易爆物及其他影响安全供电的物品。

敬告：

请不要在高压线路下方堆放谷物、草料等易燃易爆物。以免发生火灾造成不必要的损失。

易燃物品慎堆放　火灾事故要严防

案例描述：

××汽车配件厂院内堆放的塑料材料着火，导致上方的电力线路烧伤严重故障停电，供电公司抢修10多个小时才恢复供电。经政府部门调查，由汽配厂赔偿供电公司全部损失。

案例点评：

《中华人民共和国电力法》第六十条，因用户或者第三人的过错给电力企业造成损害的，该用户或者第三人应当依法承担赔偿责任。

敬告：

请不要在高压线路下方堆放谷物、草料、垃圾、矿渣、易燃物、易爆物及其他影响安全供电的物品，防止引起火灾对您与他人造成意外伤害及经济损失。

电缆槽沟焚垃圾　触犯法律吃官司

案例描述：

12月6日，××厂工人焚烧垃圾取暖，未留意附近电缆沟槽标识，焚化的塑料及残灰渗入下方的电缆沟槽，引燃电力电缆外护套引发火灾，6根电缆被大火烧毁，导致10万余户居民断电，直接经济损失达200万元。供电公司依法向肇事人索赔全部经济损失。

案例点评：

《电力设施保护条例》第十六条，任何单位或个人不得在地下电缆保护区内堆放垃圾、矿渣、易燃物、易爆物，倾倒酸、碱、盐及其他有害化学物品。

敬告：

请不要在地下电缆保护区内堆放垃圾、矿渣、易燃物、易爆物。不要在有电缆标识的路径上方点燃易燃、易爆物品。

塑料薄膜不牢固　吹上线路出事故

案例描述：

电力人员在巡线时曾向电力线路附近未经加固的塑料大棚主人陈××告知其危害性，要求其对大棚进行加固处理，但是陈××置之不理。一个月后，春季大风将塑料薄膜吹到线路上，造成停电。事后，供电公司经过8个多小时将故障消除恢复供电，同时对陈××进行了经济处罚。

案例点评：

《中华人民共和国电力法》第六十条，因用户或者第三人的过错给电力企业或者其他用户造成损害的，该用户或者第三人应当依法承担赔偿责任。《中华人民共和国电力法》第五十三条，任何单位和个人不得在依法划定的电力设施保护区内修建可能危及电力设施安全的建筑物、构筑物。

敬告：

线路附近使用塑料薄膜或者构建塑料大棚必须进行加固处理，废弃的塑料薄膜应回收并集中妥善处置，防止塑料薄膜被大风吹起影响线路安全运行。

彩钢板房乱搭建　风大房掀伤电线

案例描述：

××电力线路保护区附近厂房彩铝屋顶被大风掀起，带电导线对其放电，导致线路停电，厂区内房屋、设施多处烧损。事后，当地政府部门对该厂房业主违章建筑的行为进行了处罚。

案例点评：

《中华人民共和国电力法》第五十三条，任何单位和个人不得在依法划定的电力设施保护区内修建可能危及电力设施安全的建筑物、构筑物。

敬告：

不得在线路保护区附近建造不牢固的建筑物，已有的彩钢瓦房等要采取加固措施，避免大风天气将彩钢瓦刮起影响线路安全，给周边群众及供电公司造成不必要的损失。

线下钓鱼有风险　不理警示惨触电

案例描述：

吕××在电力线路下方鱼塘边钓鱼，因收线过程中用力过猛致使钓鱼杆尖向上翘，导线对钓鱼杆放电，造成线路停电，吕××被送往医院，经抢救已脱离生命危险。经现场核查，线下设有禁止垂钓警示标识，导线对地距离符合安全距离要求。

案例点评：

《电力设施保护条例》第十四条，任何单位和个人不得有向导线抛掷物体和其他危害电力设施的行为。

敬告：

选择垂钓地点时，要特别留意周边是否有电力线路，切勿在电力设施保护区内进行垂钓。根据《最高人民法院关于审理触电人身损害赔偿案件若干问题的解释》第三条，受害人在电力设施保护区从事法律、行政法规所禁止的行为，因高压电造成他人人身损害的，电力设施产权人不承担民事责任。

请您珍惜生命，不要在架空电力线路保护区内垂钓！

高压危险
禁止垂钓

(对导线水平距离不小于20米)

联系电话：95598
0431-89956929

婚礼彩带多喜庆　碰到电线扫人兴

案例描述：

×× 酒店在举行婚礼庆典，当发射迎宾礼炮时，没有注意上方的电力线路，礼炮中喷出的带降落伞的锡箔纸条缠上了电力线路引发短路停电，造成 1000 多户居民停电 1 个多小时。本来挺喜庆的事儿，却因为不注意安全破坏了大好的气氛。

案例点评：

《电力设施保护条例》第十四条，任何单位和个人不得向导线抛掷物体或从事其他危害电力线路设施的行为。

敬告：

切勿在电力线路保护区内燃放烟花爆竹，烟花中的金属锡纸带或带降落伞的金属纸带等缠上线路极易造成线路停电，莫让高兴变扫兴。

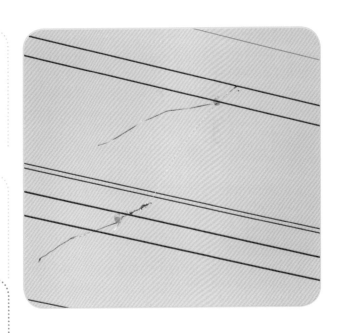

莫让气球任意飘　缠绕线路很糟糕

案例描述：

××小区开盘庆典气球因未固定牢固，被风吹起缠绕在电力线路上，造成线路停电，直接经济损失达40余万元。公安机关依法对该房产公司进行了处罚。

案例点评：

《电力设施保护条例》第十四条，任何单位和个人不得向导线抛掷物体或从事其他危害电力线路设施的行为。

敬告：

热气球、各类庆典用氢气球以及彩带横幅一旦脱离束缚，就成为不可控的危险源，直接危及电力线路的安全运行。

乱放风筝危害大　飞挂线路受惊吓

案例描述：

一对父子在 ×× 公园放风筝时，未注意周边的电力线路及警示标语，不慎将风筝挂在电力线路上，导致线路故障放电。虽未造成人员伤亡，但由于公园人流量较大，不少老人孩子受到惊吓，同时烧化的纤维物滴落至地面容易引起火灾造成人员受伤。

案例点评：

《电力设施保护条例》第十四条，任何单位或个人不得在架空电力线路导线两侧各 300 米的区域内放风筝。

敬告：

放风筝请到远离电力线路的空旷地带，一旦风筝线缠上导线，千万不要自行处理，一定要联系当地供电公司，由专业人员进行处理，防止触电。

砍伐树竹需仔细　树倒方向要牢记

案例描述：

村民李××伐树时未注意附近电力线路的警示标志，未控制好倒树方向，不慎使倒下的大树砸在高压线上，造成线路停电，李××也被电击伤，并使附近5000户村民家中停电半小时。

案例点评：

《中华人民共和国电力法》第六十条，因用户或者第三人的过错给电力企业造成损害的，该用户或者第三人应当依法承担赔偿责任。

敬告：

砍伐树竹要控制好树木倾倒方向。在电力线路周边进行超高树竹砍伐时，应提前与当地供电公司联系，供电公司会免费提供现场安全监护和指导。

种树种到线路下　树线放电损失大

案例描述：

××公司所属线路防护区内退耕还林的树木已生长多年，供电公司多次与林地主人耿××协调沟通砍伐事宜，但耿××一直拖延，随着夏天到来，树木生长高度很快超过了安全距离，导致树竹放电线路停运，引发该地区大面积停电。当地政府协调林管部门将树木清理后线路恢复供电，法院判决林地主人耿××承担所有费用和供电公司的损失。

案例点评：

《中华人民共和国电力法》第五十三条，任何单位和个人不得在依法划定的电力设施保护区内种植可能危及电力设施安全的植物。在依法划定电力设施保护区前已经种植的植物妨碍电力设施安全的，应当修剪或者砍伐。

敬告：

请不要在线路保护区内种植可能危及电力线路安全的树竹，及时联系供电公司对长高的树竹进行修剪，长高的树竹一旦与线路放电，轻则树竹烧损线路跳闸，重则可能引起人身伤亡。

超高树障难协调　法院审理需砍倒

案例描述：

因刘 ×× 种植的 11 棵超高树木长期影响 ×× 电力线路的安全，供电公司多次与刘 ×× 联系，限期自行砍伐，但是刘 ×× 认为树木是早于线路建设种植的，拒不处理。无奈之下供电公司向法院提起诉讼。法院公开审理了本案。判定被告人刘 ×× 承担全部责任，并自行清理电力线路保护区内全部树木。

案例点评：

《中华人民共和国电力法》第五十三条，任何单位和个人不得在依法划定的电力设施保护区内种植可能危及电力设施安全的植物；在依法划定电力设施保护区前已经种植的植物妨碍电力设施安全的，应当修剪或者砍伐。

敬告：

请不要在线路保护区内种植可能危及电力线路安全的树竹；在线路周边进行树竹砍伐时，请提前与供电公司联系，供电公司会免费提供现场安全监护和指导。

贪图小利盗电线　铁塔倾倒招大难

案例描述：

××闲置线路因导线被盗，造成一基铁塔倾倒，盗窃者跌落致死。事后经公安机关分析，盗窃者爬上铁塔盗割导线后，因铁塔受力失去平衡而倾倒，铁塔上的盗窃者随着铁塔倒地而跌落死亡。

案例点评：

《中华人民共和国电力法》第六十条，因用户或者第三人的过错给电力企业造成损害的，该用户或者第三人应当依法承担赔偿责任。

敬告：

偷盗电力线路设施是违法行为，会给供电部门造成严重损失，严重影响公共安全。如发现损坏、破坏、盗窃电力线路设施等非法行为，请及时向供电公司或公安机关反映或举报。

盗割拉线电杆倒　万家停电添烦恼

案例描述：

××电力线路杆塔拉线被蓄意割断，致使水泥杆受力失衡倾倒，造成××县大面积停电，数十万居民遭受停电之苦，同时也给供电部门造成经济损失数百万元。盗窃者被判处有期徒刑10年。

案例点评：

《中华人民共和国刑法》第一百一十九条，破坏交通工具、交通设施、电力设备、燃气设备、易燃易爆设备，造成严重后果的，处十年以上有期徒刑、无期徒刑或者死刑。

敬告：

偷盗电力线路设施是违法行为，会给供电部门造成严重损失，严重影响公共安全。如发现破坏、盗窃电力线路设施等非法行为，请及时向公安机关举报或向供电公司反映。

偷盗螺丝事虽小　造成塔倒要追责

案例描述：

××电力线路一基杆塔四个塔腿与主材连接的螺栓全部被拆除，导致一侧塔腿脱离塔基础插入外侧的泥土中约1米，另一侧塔腿则脱离塔脚板翘在空中，造成直接经济损失200余万元。

案例点评：

《中华人民共和国刑法》第一百一十九条，破坏交通工具、交通设施、电力设备、燃气设备、易燃易爆设备，造成严重后果的，处十年以上有期徒刑、无期徒刑或者死刑。

敬告：

偷盗电力线路设施是违法行为，会给供电部门造成严重损失，严重影响公共安全。如发现破坏、盗窃电力线路设施等非法行为，请及时向公安机关举报或向供电公司反映。

高价索赔遭回拒　氧割杆塔被刑拘

案例描述：

潘××家的农田里修建电力线路铁塔，供电公司按政府相关标准给予了补偿，但潘××索要补偿款价格过高，供电公司无法承担。在遭到拒绝后，潘××自学氧气切割技术，深夜氧割破坏两座铁塔，造成供电公司损失300余万元。潘××被警方抓获并刑拘，并以破坏电力设备罪被判处有期徒刑三年九个月。

案例点评：

《中华人民共和国刑法》第一百一十八条，破坏电力、燃气或者其他易燃易爆设备，危害公共安全，尚未造成严重后果的，处三年以上十年以下有期徒刑。

敬告：

偷盗电力线路设施是违法行为，会给供电部门造成严重损失，严重影响公共安全。如发现损坏、破坏、盗窃电力线路设施等非法行为，应及时向供电公司或公安机关反映或举报。

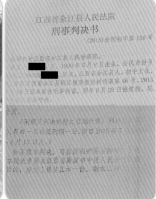

限高门架屡受伤　人车安全无保障

案例描述：

××地区修路导致线路下方路面抬高，为保证通行车辆安全，在对线路杆塔进行加高改造前，供电公司在此设立限高栏及警示标志，但屡遭破坏。一旦有超高车辆穿越线路，易发生导线对车辆及所装载货物放电，造成人员伤亡或财产损失。

案例点评：

《电力设施保护条例》第十四条，任何单位和个人不得拆卸杆塔或拉线上的器材，移动、损坏永久性标志或标志牌。

敬告：

电力线路限高栏及警示标志是保证人身和设备安全的重要设施，不得蓄意损坏，如发现损坏或蓄意破坏，请及时向供电公司或公安机关反映或举报。

财迷心窍盗电缆　发财梦灭命难偿

案例描述：

张××听说一斤电缆里的铜丝能卖15元左右，便动起了歪脑筋，当天夜晚便冒险偷盗正在运行的接地电缆，偷盗过程中触电致其死亡。

案例点评：

《中华人民共和国电力法》第六十条，因用户或者第三人的过错给电力企业造成损害的，该用户或者第三人应当依法承担赔偿责任。

敬告：

偷盗电力线路设施是违法行为。如发现损坏、破坏、盗窃电力线路设施等非法行为，请及时向供电公司或公安机关反映或举报。根据《最高人民法院关于审理触电人身损害赔偿案件若干问题的解释》第三条，受害人在电力设施保护区从事法律、行政法规所禁止的行为，因高压电造成他人人身损害的，电力设施产权人不承担民事责任。

化学物品有腐蚀　倾倒请勿近线路

案例描述：

××电力线路杆塔位于××保温材料厂院内，该厂区长时间将化学工业废品倾卸在塔脚附近，造成杆塔被严重腐蚀，因主材酥裂塔身发生了倾斜。供电公司发现后向政府电力行政部门报告，政府关停了该厂并责令恢复原状。

案例点评：

《电力设施保护条例》第十四条，不得在杆塔、拉线基础规定范围内倾倒酸、碱、盐及其他有害化学物品。

敬告：

酸、碱、盐及其他有害化学物品会腐蚀电力线路杆塔设备。严重时会造成铁塔倾倒，给周边民众带来不必要的损失。

盲目施工引塌陷　通道受损电缆断

案例描述：

××市由于地铁施工工地维护桩断裂，发生大面积塌方，造成6根电力电缆全部被拉断，致使大面积停电，给工业生产和人民生活造成了巨大的损失，直接经济损超过80万元。

案例点评：

《中华人民共和国电力法》第五十四条，任何单位和个人需要在依法划定的电力设施保护区内进行可能危及电力设施安全的作业时，应当经电力管理部门批准并采取安全措施后，方可进行作业。

敬告：

在电力电缆线路保护区附近进行机械起重、打桩、开挖等施工时，请与当地供电公司联系，供电公司会免费为您提供现场安全监护和指导。

堆土滑移谁之过　忽视安全惹灾祸

案例描述：

××公司在距离河道堤边13米（距电缆沟6米）处偷偷堆起近万立方米的废土，加重了地面的压力，使地下土发生位移，造成近1千米河堤整体滑坡，电缆线路近70米电缆沟体整体向河道位移十余米，电缆接头绷断。直接经济损失达100余万元。

案例点评：

《电力设施保护条例》第十六条，任何单位或个人在电力电缆线路保护区内，不得在地下电缆保护区内堆放垃圾、矿渣、易燃物、易爆物，倾倒酸、碱、盐及其他有害化学物品，兴建建筑物、构筑物或种植树木、竹子。

敬告：

请不要在电力设施保护区内堆放、倾倒废土及建筑垃圾等，如发现有上述情况，请及时与供电公司联系。

造成近1千米河堤整体滑坡

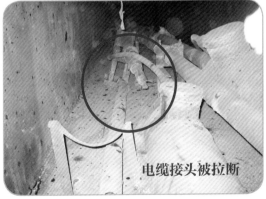

电缆接头被拉断

电力线路杆号标志牌解释

电压等级　线路名称

500kV合南1号线

001号

杆塔编号

杆号标志牌： 标注线路和杆塔的相关信息。

电压等级： 线路运行的额定电压。

线路名称： 线路起止变电站及调度编号。

杆塔编号： 杆塔在线路中所处位置。

禁止烧荒　禁止在线路附近爆破　禁止在高压线附近放风筝　禁止在高压线下钓鱼

禁止取土　禁止堆放杂物　禁止在保护区内植树　禁止在保护区内建房

禁止攀登 高压危险　禁做地桩　禁止向线路抛掷　水泥预制 禁止标识

线路保护区内
禁 止 植 树
举报电话：95598

限高警示标识　拉线防撞警示标识　杆塔防撞警示标识

1.《中华人民共和国刑法》相关条款

（中华人民共和国主席令第 83 号，2015 年 8 月 29 修正）

第一百一十八条 【破坏电力设备罪、破坏易燃易爆设备罪】破坏电力、燃气或者其他易燃易爆设备，危害公共安全，尚未造成严重后果的，处三年以上十年以下有期徒刑。

第一百一十九条 【破坏交通工具罪、破坏交通设施罪、破坏电力设备罪、破坏易燃易爆设备罪】破坏交通工具、交通设施、电力设备、燃气设备、易燃易爆设备，造成严重后果的，处十年以上有期徒刑、无期徒刑或者死刑。

过失犯前款罪的，处三年以上七年以下有期徒刑；情节较轻的，处三年以下有期徒刑或者拘役。

2.《中华人民共和国电力法》相关条款

（中华人民共和国主席令第 60 号，2015 年 4 月 24 日修订）

第五十三条 电力管理部门应当按照国务院有关电力设施保护的规定，对电力设施保护区设立标志。

任何单位和个人不得在依法划定的电力设施保护区内修建可能危及电力设施安全的建筑物、构筑物，不得种植可能危及电力设施安全的植物，不得堆放可能危及电力设施安全的物品。

在依法划定电力设施保护区前已经种植的植物妨碍电力设施安全的，应当修剪或者砍伐。

第五十四条 任何单位和个人需要在依法划定的电力设施保护区内进行可能危及电力设施安全的作业时，应当经电力管理部门批准并采取安全措施后，方可进行作业。

第六十条 因电力运行事故给用户或者第三人造成损害的，电力企业应当依法承担赔偿责任。电力运行事故由下列原因之一造成的，电力企业不承担赔偿责任：

（一）不可抗力；

（二）用户自身的过错。

因用户或者第三人的过错给电力企业或者其他用户造成损害的，该用户或者第三人应当依法承担赔偿责任。

第七十二条 盗窃电力设施或者以其他方法破坏电力设施，危害公共安全的，依照刑法有关规定追究刑事责任。

3.《电力设施保护条例》相关条款

（中华人民共和国国务院令第239号，2011年1月8日修正版）

第四条 电力设施受国家法律保护，禁止任何单位或个人从事危害电力设施的行为。任何单位和个人都有保护电力设施的义务，对危害电力设施的行为，有权制止并向电力管理部门、公安部门报告。

第十四条 任何单位或个人，不得从事下列危害电力线路设施的行为：

（一）向电力线路设施射击；

（二）向导线抛掷物体；

（三）在架空电力线路导线两侧各300米的区域内放风筝；

（四）擅自在导线上接用电器设备；

（五）擅自攀登杆塔或在杆塔上架设电力线、通信线、广播线，安装广播喇叭；

（六）利用杆塔、拉线作起重牵引地锚；

（七）在杆塔、拉线上拴牲畜、悬挂物体、攀附农作物；

（八）在杆塔、拉线基础的规定范围内取土、打桩、钻探、开挖或倾倒酸、碱、盐及其他有害化学物品；

（九）在杆塔内（不含杆塔与杆塔之间）或杆塔与拉线之间修筑道路；

（十）拆卸杆塔或拉线上的器材，移动、损坏永久性标志或标志牌；

（十一）其他危害电力线路设施的行为。

第十五条 任何单位或个人在架空电力线路保护区内，必须遵守下列规定：

（一）不得堆放谷物、草料、垃圾、矿渣、易燃物、易爆物及其他影响安全供电的物品；

（二）不得烧窑、烧荒；

（三）不得兴建建筑物、构筑物；

（四）不得种植可能危及电力设施安全的植物。

第十六条 任何单位或个人在电力电缆线路保护区内，必须遵守下列规定：

（一）不得在地下电缆保护区内堆放垃圾、矿渣、易燃物、易爆物，倾倒酸、碱、盐及其他有害化学物品，兴建建筑物、构筑物或种植树木、竹子；

（二）不得在海底电缆保护区内抛锚、拖锚；

（三）不得在江河电缆保护区内抛锚、拖锚、炸鱼、挖沙。

第十七条 任何单位或个人必须经县级以上地方电力管理部门批准，并采取安全措施后，方可进行下列作业或活动：

（一）在架空电力线路保护区内进行农田水利基本建设工程及打桩、钻探、开挖等作业；

（二）起重机械的任何部位进入架空电力线路保护区进行施工；

（三）小于导线距穿越物体之间的安全距离，通过架空电力线路保护区；

（四）在电力电缆线路保护区内进行作业。

第十九条　未经有关部门依照国家有关规定批准，任何单位和个人不得收购电力设施器材。